无穷的画廊

——数学家如何思考无穷

[美] 施瓦茨（Richard E. Schwartz） 著

孙小淳　王淑红　译

上海科学技术出版社

图书在版编目（CIP）数据

无穷的画廊：数学家如何思考无穷 /（美）
施瓦茨著；孙小淳，王淑红译. — 上海：上海科学技
术出版社，2018.7（2021.1重印）
ISBN 978-7-5478-4070-2

Ⅰ.①无⋯ Ⅱ.①施⋯ ②孙⋯ ③王⋯ Ⅲ.①数学－
青少年读物 Ⅳ.① O1－49

中国版本图书馆CIP数据核字（2018）第140143号

This work was originally published in English by the American Mathematical Society under the title *Gallery of the Infinite*, © 2016 by Richard Evan Schwartz. The present translation was created for Shanghai Scientific & Technical Publishers under authority of the American Mathematical Society and is published by permission.
Arranged through Inbooker Cultural Development (Beijing) Co., Ltd.
本书中文简体字专有翻译出版权由American Mathematical Society授予上海科学技术出版社有限公司，未经许可，不得以任何手段和形式复制或抄袭本书内容。

上海市版权局著作权合同登记号　图字：09-2017-881号

无穷的画廊——数学家如何思考无穷

[美] 施瓦茨（Richard E. Schwartz） 著

孙小淳　王淑红　译

上海世纪出版（集团）有限公司
上海科学技术出版社 出版、发行
（上海钦州南路71号 邮政编码200235 www.sstp.cn）
上海盛通时代印刷有限公司印刷
开本787×1092 1/16 印张12
2018年7月第1版 2021年1月第2次印刷
ISBN 978-7-5478-4070-2 / N · 152
定价：58.00元

本书如有缺页、错装或坏损等严重质量问题，请向工厂联系调换

试想你走在一条数
轴上，数字一个接一
个地展现在你面前，
那么**无穷**……

似乎很遥远，它
是地平线上的一个点，
永远无法到达；它是
一个高度，永远无法
登顶。

无穷似乎是我们的宇宙
之外的一个事物……

是一个遥远的边界，无论
你如何努力凝视天空，都无法
看到。

我写这本书，为的是说明数学家通常是如何思考无穷的。

数学家的思考方式需要慢慢适应，但是你会看到，从数学的角度来看无穷会带来激动人心的惊喜。

第一要紧的是讲讲

集合。

集合是数学家为事物的群体所起的名字。集合当中的事物称为集合的元素。

数学家传统的做法是用符号来表示集合中的数字，把它们写在两个括弧之间，并用逗号隔开。括弧和逗号并非集合的一部分，它们像是一个框架，位于图画之外。

我有时想象，集合是放置在盒子中的东西，因为盒子像框架，看起来更一目了然。

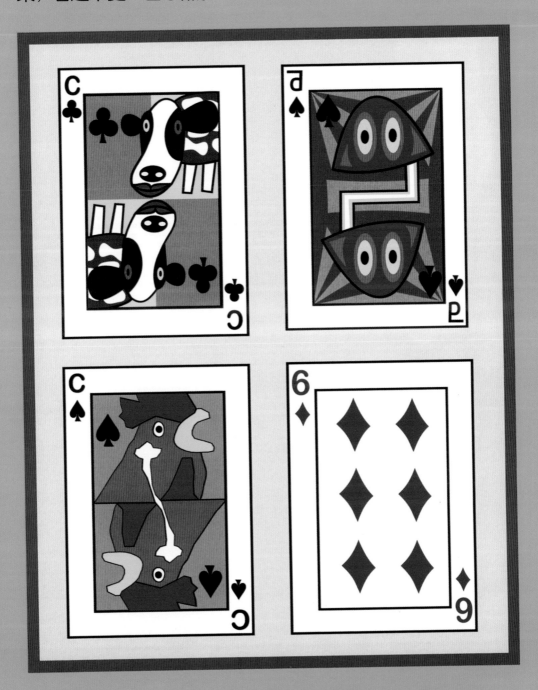

通俗地说，我喜欢把集合中的元素想象为各种各样的事物，比如扑克牌……

比如猫……

比如外星人。

正经地说，数学集合中的元素其实并不真的是扑克牌、猫或外星人。

它们本身就是集合。

这给数学带来了某种美和纯粹性，但是问题也来了：一切从何开始？我们先不讨论这些专业细节，我们姑且认为集合是各种各样的事物。

一些集合称为**有穷集合**。下面是一些例子。

画上脸形煎饼铲的集合。

曼哈顿窗户的集合。

全部井字游戏的集合。

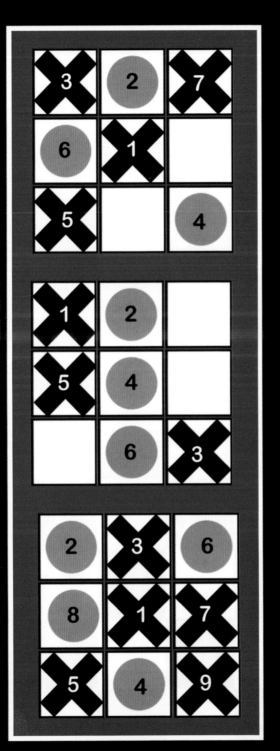

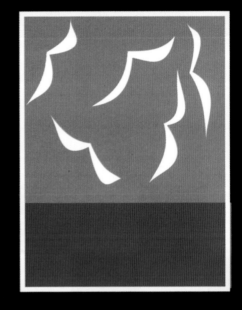

罗得岛海岸上海鸥
的集合。

当然，我没有画出
这些集合中的全部元素。

直观地来说，一个集合是有限的，如果你可以从头到尾数出它的元素。但这样表达并不十分准确，因为实际上，有时你不可能一路数到底。考虑所有200步以内结束的国际象棋游戏的集合……

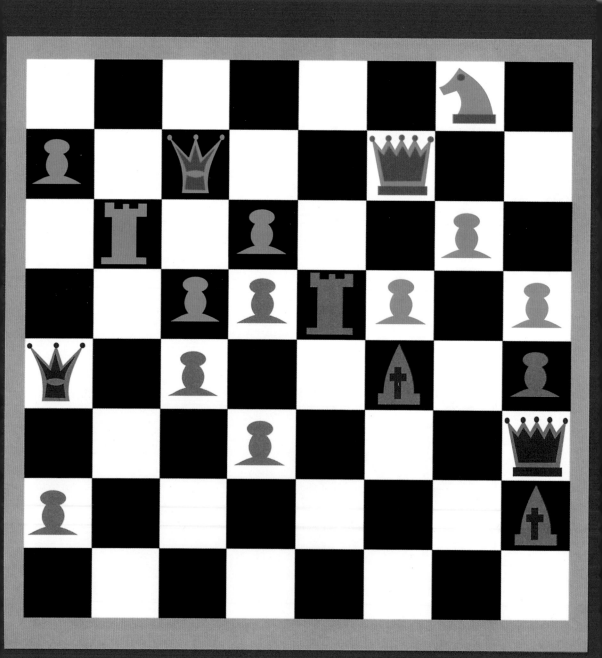

或者地球上全部分子的集合。给出一个有穷集合的正式定义是艰难的，但当我们看见有穷集合时，我们似乎肯定会认出它们。

碰巧的是，其中一个集合比其他集合包含多得多的元素。是哪一个？(答案是国际象棋的步数比地球的分子多得多。)

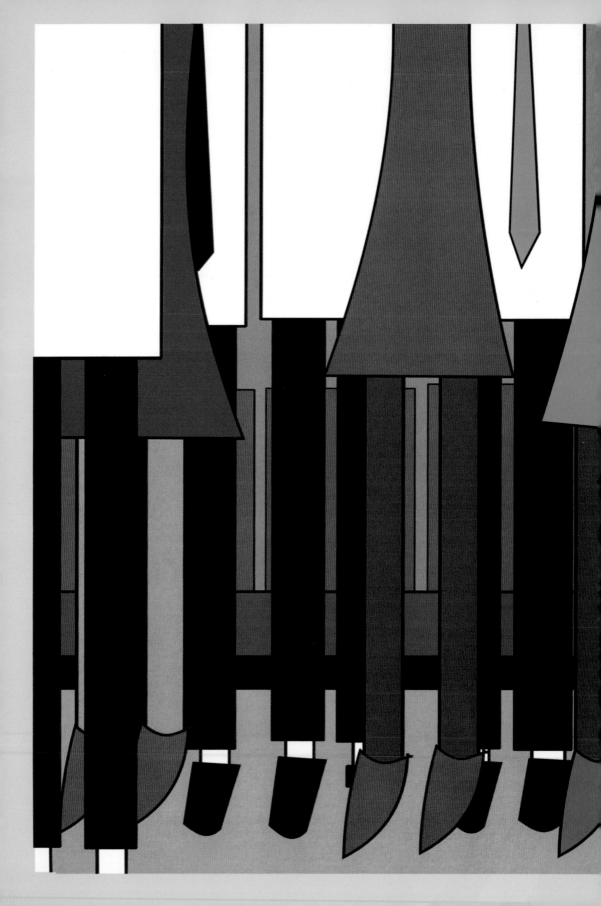

有时，你可能会想不必通过数数，就能比较集合的大小。在一场音乐会上，是人多还是椅子多？只要让每个人挑一把椅子坐下，看看是椅子多还是人多，或者正好。

当两个集合完全对应时，二者间的这种对应称为一个

一一映射。

这里是一个猫的集合与一个扑克牌的集合之间的一个一一映射。

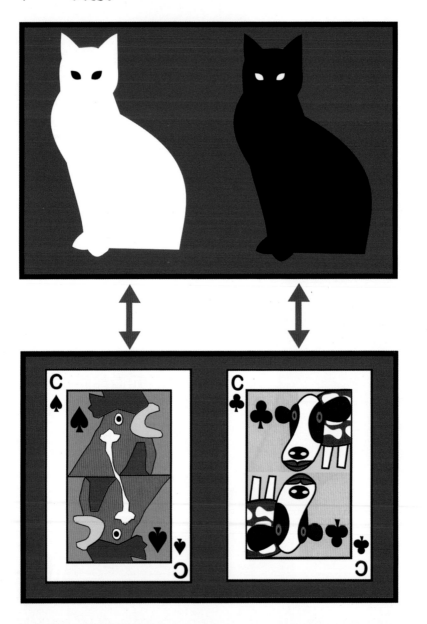

在一个一一映射中，一个集合中的不同元素与另一个集合中的不同元素相对应，而且没有多余。

如果两只猫配这只小鸡，它们会打起来。

这是集合{A, B, C, D, E, F, G, H, I, J, K, L}与一个钟
表上的小时集合之间的许多一一映射中的一个……

还有几个其他的一一映射。

这个一一映射可能会使你想起二进制数。

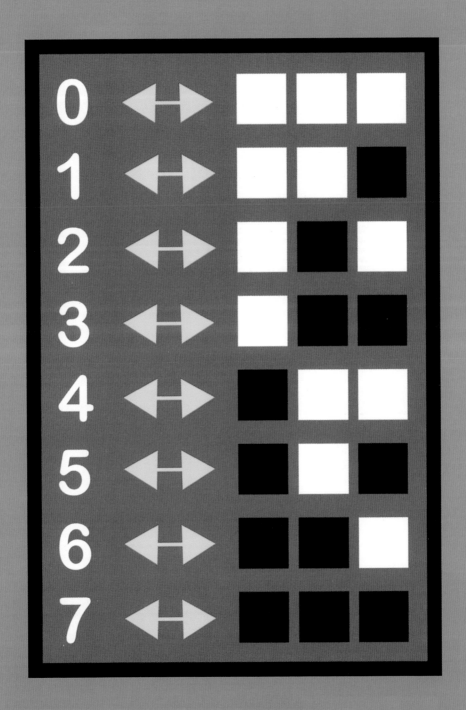

在两个有限集之间寻找一个一一映射，是说明它们
有相同的大小（大小，数学名词为"基数"）的方式。

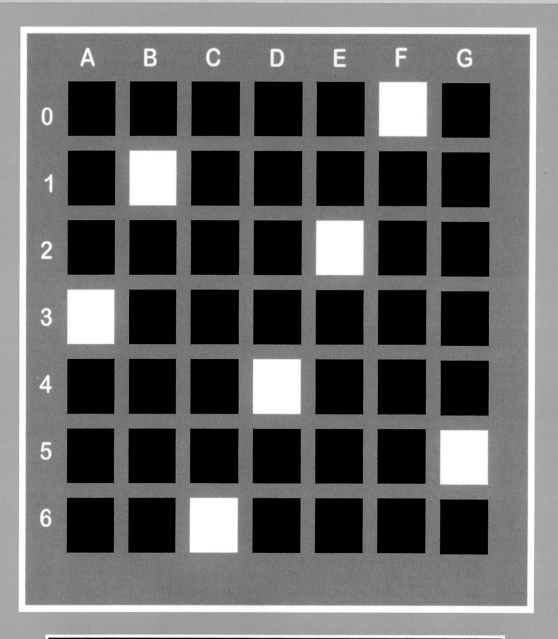

这张图说明了集合{0, 1, 2, 3, 4, 5, 6}是如何与集合{A, B, C, D, E, F, G}相对应的。你看图可知，0与F对应，1与B对应，等等。

这两个集合之间的一一映射有5 040种可能，下面再给出几个例子。

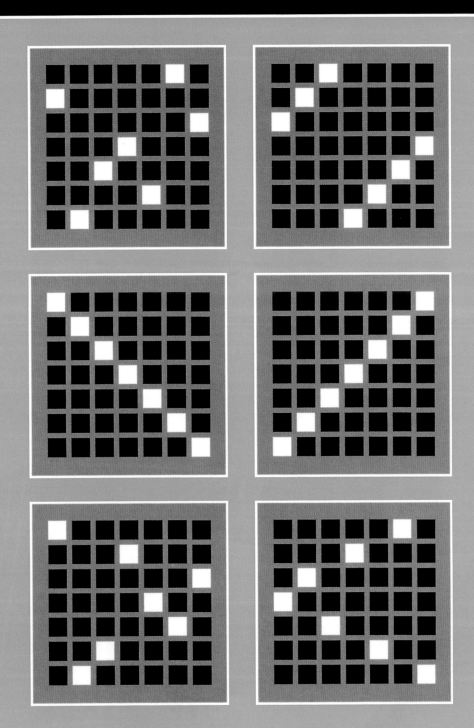

最后再举一个
例子，在动物身体
的集合与它们的头
的集合之间存在一
个一一映射。

让我们再来讨论一下集合。如果集合中的元素本身就是集合，又是怎么回事呢？

你可以说整个集合论是建立在空无（NOTHING）存在的基础上。

空无（NOTHING）对应的数学概念是空集：

它是没有元素的集合。

我们一旦有了空集，就可以构造一个集合，其唯一元素为空集。

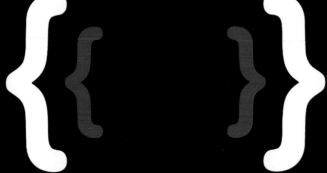

接下来，我们可以构造这样的集合，其元素为空集和其元素为空集的集。

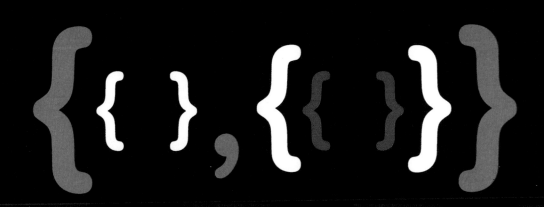

接下来……

……如此等等。现在我想说说我们怎样能够根据这些集合给数下定义。

把0作为{ }的另一种称谓,

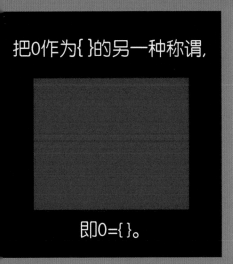

即0={ }。

把1作为{ { } }的另一种称谓,

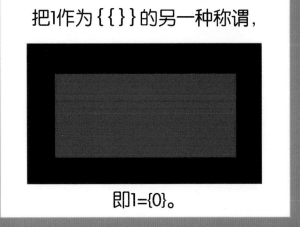

即1={0}。

把2作为{ { } , { { } } }的另一种称谓,

即2={0, 1}。

照这样走下去:
3={ { } , { { } } , { { } , { { } } } } = { 0, 1, 2 }, 等等。
如此看来, 数不过是有组织的空无!

冒着听上去有点奇怪的风险，我坦白讲讲我对世界的看法。有时我想，所有事物都不过是有组织的空无。

以一个婴儿为例。

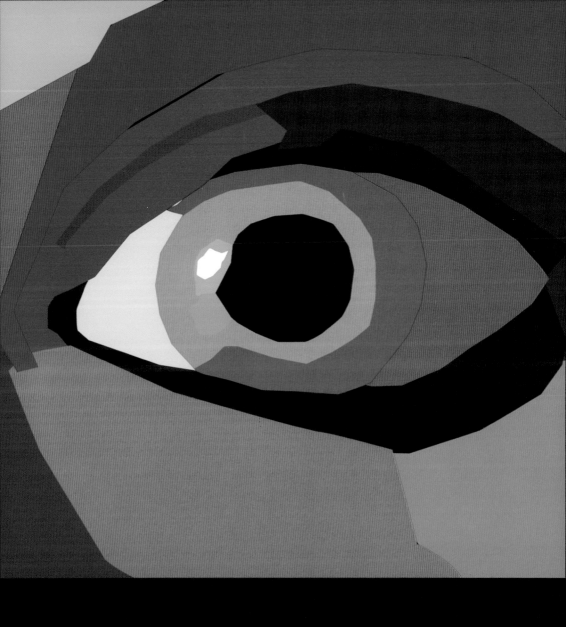

如果你非常靠近地观察一个婴儿，他的可识别的体征
可分解为一些有机材料。

有机材料被证明是高度组织起来的原子链，我们经常把它想象为球与杆组成的模型。

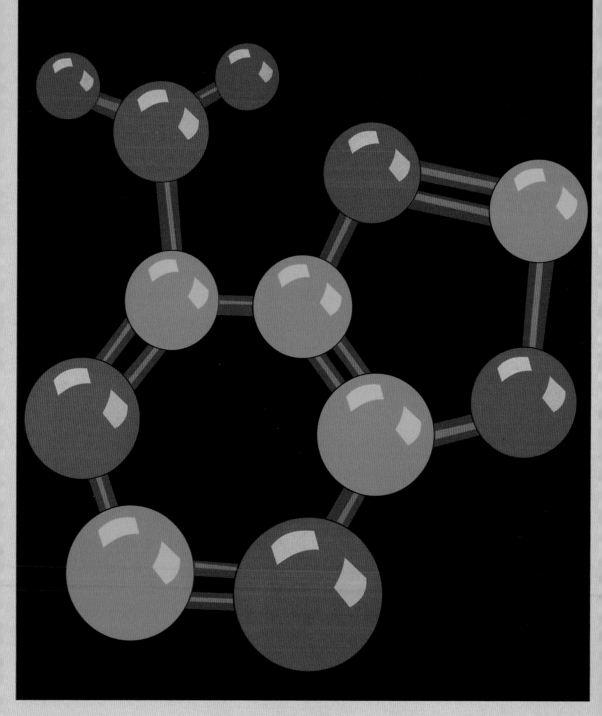

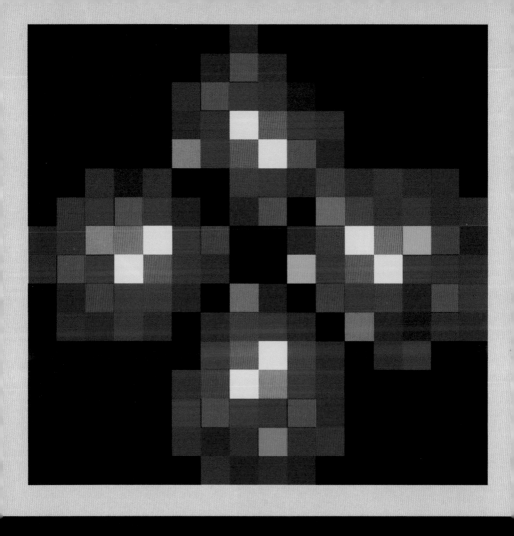

这些"球"几乎是真空的，它们是微小的质子和中子，被一层电子云笼罩着。这些"杆"是共享电子云。描述电子云使用的语言同数学家发明用以理解音乐的语言一样。在这个尺度上，物理实体与纯粹数学融为一体

从更小的尺度来看，我们根本没有有关物理实体的体验。我们只有数学模型，这是我们所发明的用来预测与这些模型一致的试验结果的，并且我们纯粹是出于数学原因才喜欢它们。

就像数一样，这些模型可以用集合来表示。

最后，我们关于现实的模型说到底还是由空
集构成的复杂模式。

如果你用一种特定的方式来思考它，那么真实的世界与集合的差别并不大。

它们均是由逻辑和沉默所组成的
大赋格曲的一部分。

但是我说一句题外话。

无论你是否把日常所见事物看作集合，把集合的元素看作是各种各样的事物，是有利于把事情说清楚的。

现在回到正题，一个集合如果不是有穷的，就被称为无穷的（INFINITE）。

对于一个数学家来说，"无穷"（infinity）不是一个事物。存在有穷集合和无穷集合。"是无穷的"（Being infinite）是一个集合可能具有的一种性质。

问题是：存在无穷集合吗？

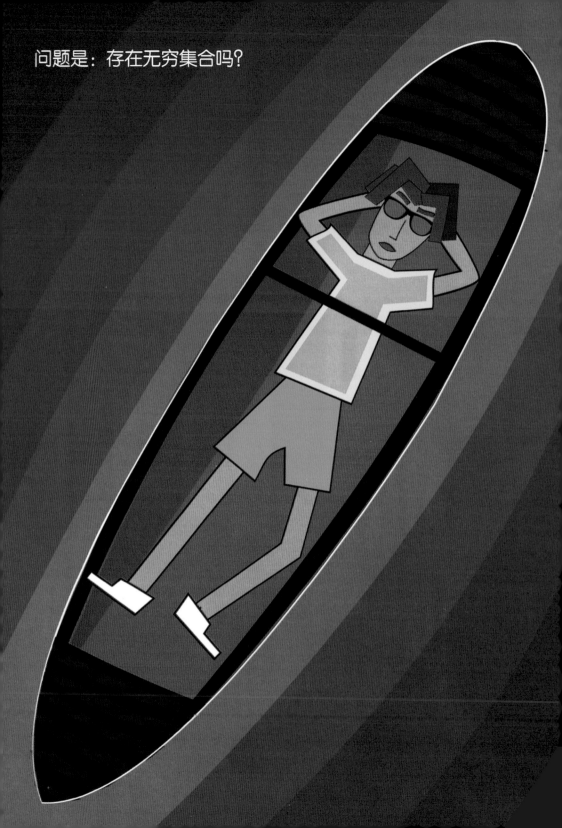

我将给你两个答案，一个现在就
给出，另一个较晚一些时候再给出。

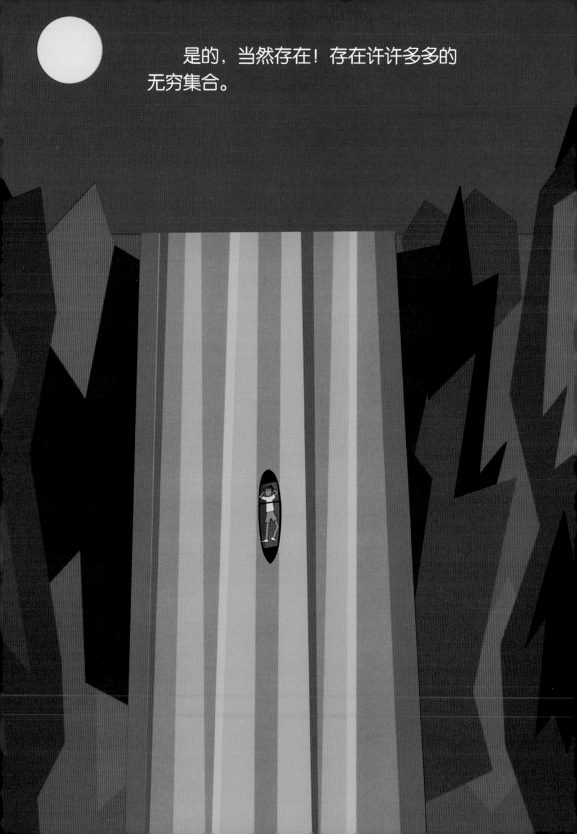

是的，当然存在！存在许许多多的无穷集合。

最著名的无穷集合是

$\aleph_0$。

$\aleph_0$ 是所有可数数的集合，即 $\{0, 1, 2, 3, \cdots\}$。它的发音为 "Aleph Nought"，Aleph 是希伯来文字母表中的第一个字母。

这样来想象ℵ₀。你和你的朋友排队观赏有穷数的画廊。

当你排到头时，售票员说，
一个新的画廊在路对面展出了，
而且这个新的画廊有一幅油画，
它是这个画廊里所有油画的图像。

这是 ℵ0 的油画。

除了 $\aleph_0$，存在大量的无穷集合。考虑偶数可数集合: {0, 2, 4， …}。即使小鸡没有牙齿，我喜欢将 {0, 2, 4, …} 想象为一只无穷小鸡的牙齿集合，小鸡每隔一颗牙齿就掉了一颗牙齿。可能看起来{0, 2, 4, …} 比 $\aleph_0$ 还是小一些，因为，毕竟……

牙齿缺失了！

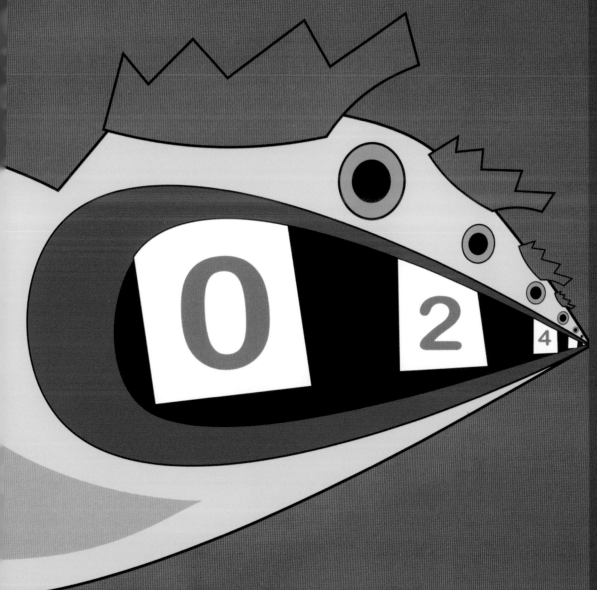

另一方面……

想象一下，我们的小鸡矫正牙齿，然后熬过几年之后……

牙箍把它的牙齿箍紧了。

牙齿的"数量"并未发生变化，因为牙齿只是移动了，但是现在看起来小鸡的牙齿集合与$\aleph_0$一模一样。

乔治·康托尔（Georg Cantor，
1845—1918）洞察力非凡，他找到了
跳出这种看似矛盾的方法。

康托尔从有穷集合的性质获得启发，
引入了这样的基本思想……

两个集合具有相同的基数，
当且仅当它们之间存在一个一
一映射。

康托尔所做的就是推广大小（基数）的概念……

把它从有限的数字王国推广到无限的王国。

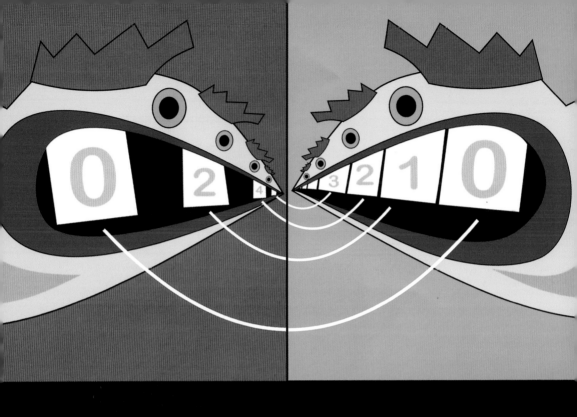

回到我们饱受煎熬的无穷小鸡，我们看到牙套的移动可以使偶数可数数集与全部可数数集一一对应起来。因此，按照康托尔的定义，这两个集合有相同的基数。

这一论证对任意无穷可数数集同样适用。戴上牙套，让牙齿与其一起移动。这些无穷集合都与 $\aleph_0$ 有相同的基数。

康托尔的定义有一个很精妙的特征：如果两个集合都与第三个集合有相同的基数，那么这两个集合的基数也相等。这使我得到了小鸡原理：

如果一个集合与一个无穷可数数集有相同的基数，那么这个集合与 $\aleph_0$ 有相同的基数。

小鸡原理还有其他叫法，但是我喜欢叫它小鸡原理。

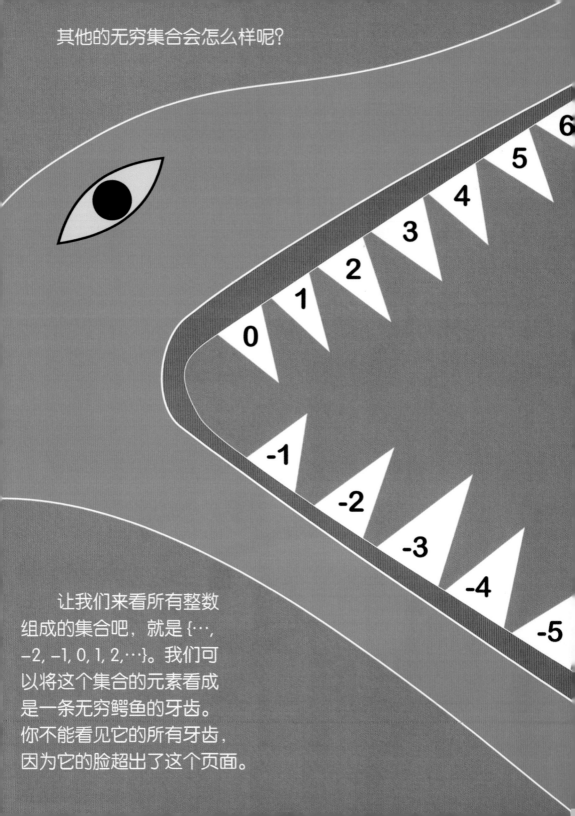

其他的无穷集合会怎么样呢?

6

5

4

3

2

1

0

-1

-2

-3

-4

-5

让我们来看所有整数
组成的集合吧，就是 {…,
−2, −1, 0, 1, 2,…}。我们可
以将这个集合的元素看成
是一条无穷鳄鱼的牙齿。
你不能看见它的所有牙齿，
因为它的脸超出了这个页面。

初看起来整数集合的基数似乎比$\aleph_0$的基数大。但是看看这个家伙闭上嘴巴时会发生什么。

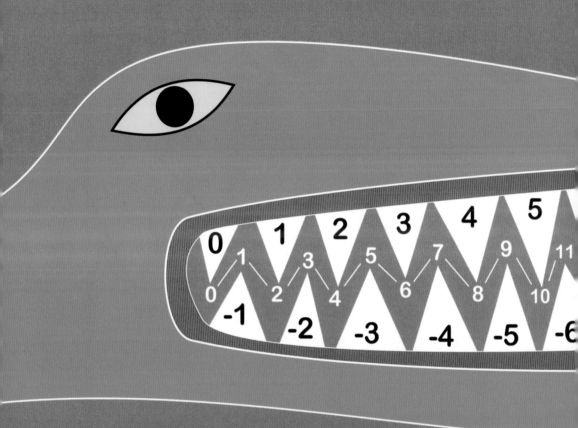

牙齿排成了一行，你会发现在整数集合与$\aleph_0$之间存在一一映射关系。

再看一条无穷有理鲨鱼。

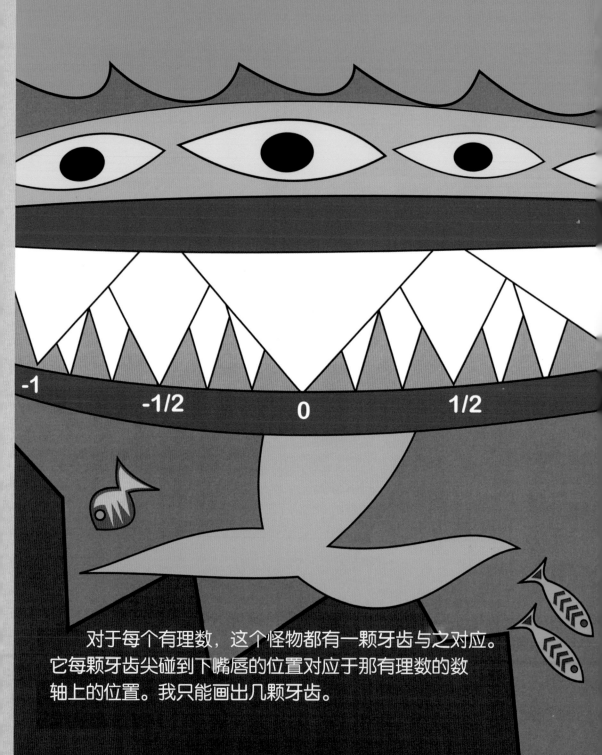

-1   -1/2   0   1/2

对于每个有理数，这个怪物都有一颗牙齿与之对应。
它每颗牙齿尖碰到下嘴唇的位置对应于那有理数的数
轴上的位置。我只能画出几颗牙齿。

似乎鲨鱼的牙齿数目远比 $\aleph_0$ 多，牙齿无处不在！但是可以证明，有理数集合与 $\aleph_0$ 有相同的基数。

第1步：

用一条无限螺旋路径，为一个无穷正方形方格与$\aleph_0$建立一一映射。正如画面中所示，0对应着正中的正方形，然后，1与0右方相邻的正方形对应，以此类推。

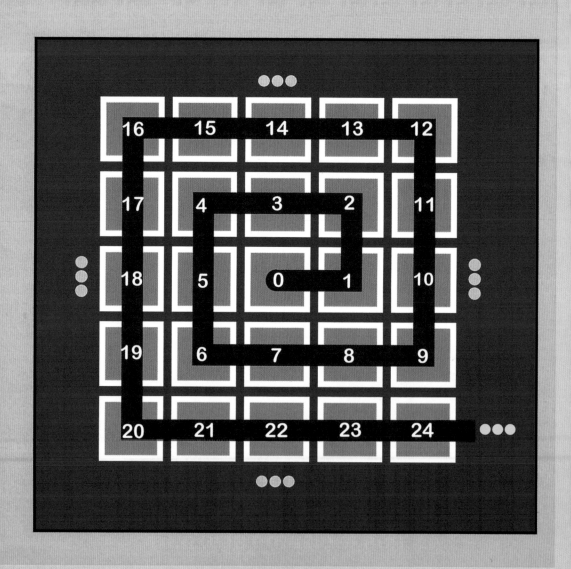

第2步:

像这样给方格编号,因此每个有理数能够在方格中出现。这种对应方法也会产生一些无用的部分,如1/0,但没关系。

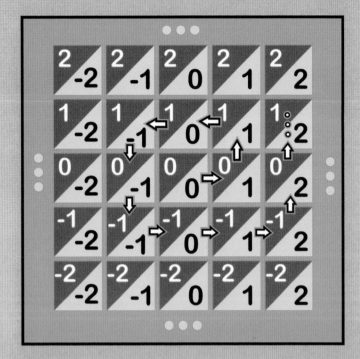

第3步: 沿着螺旋路径移动,把你看到的做一组标记。

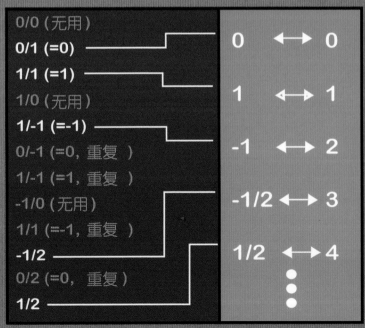

0/0(无用)		
0/1(=0)	0 ↔ 0	
1/1(=1)		
1/0(无用)	1 ↔ 1	
1/-1(=-1)		
0/-1(=0,重复)	-1 ↔ 2	
1/-1(=1,重复)		
-1/0(无用)	-1/2 ↔ 3	
1/1(=-1,重复)		
-1/2	1/2 ↔ 4	
0/2(=0,重复)		
1/2		

第4步:

移除无用的部分和重复的部分。这样就给出了——映射。

我禁不住要给出另一个例子。让我们试想一个由全部有限文本信息构成的集合。对每一条信息：

333333333　　　3　　3333333333333

I 1 A 2 M
9 1 13

1. 在每两个词之间放一个1。
2. 在每两个字母间放一个2。
3. 按照每个字母的"序位数"，在其上方放如此数量的一组3。
4. 把这些数字排成一行：

3333333331323333333333333

这种对文本信息编码的方式与可数数集相当。因此，按小鸡原理，有限文本信息的集合与$\aleph_0$有相同的基数。

作为事后诸葛亮，我想指出，你可以把每一个有理数当作一个有限文本信息。如：

-2/7

变成文本就是

minus two over seven

这样就给出了有理数集合与无穷可数数集具有相同基数的第2种证明方法。

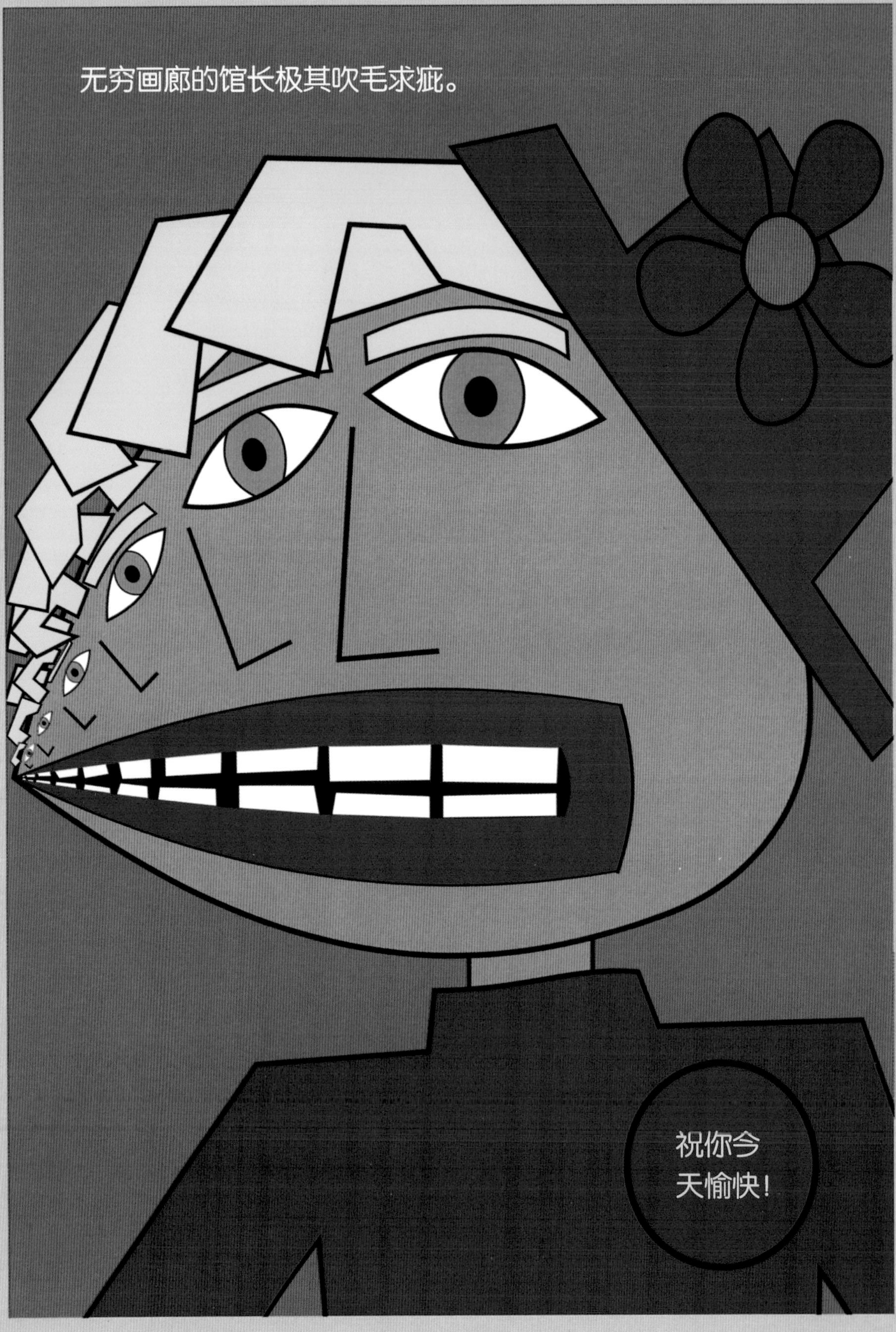
无穷画廊的馆长极其吹毛求疵。
祝你今
天愉快！

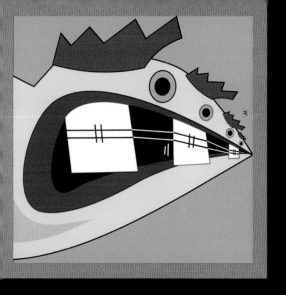

她不想要任何复制品。她将不会展示一幅新油画，如果它描述的集合与她已有的具有相同的基数，她会无情地拒绝所有这些 $\aleph_0$ 仿制品。因此，你可以接着问……

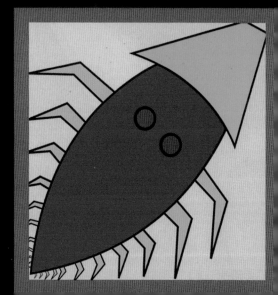

也许无穷画廊里仅有一幅油画！也就是说，也许所有的无穷集合具有同样的基数。我的朋友，你现在可以看到……

著名的……

康托尔的对
角线证明。

二进制串

是一种给可数元素涂成黑色或白色的方式。
你可以构造一个染色盒子的无穷排列:

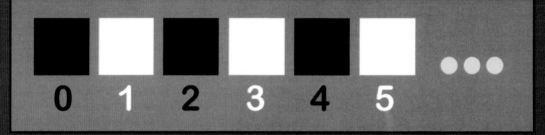

我不能给你画出全部,但是举这个例子是想
建议,把偶数涂成黑色,把奇数涂成白色。当然,
在一个二进制串中,可能根本没有任何模式。

是全部二进制串集合的名称。

$\aleph_0$ 与 $2^{\aleph_0}$ 有相同的基数吗？

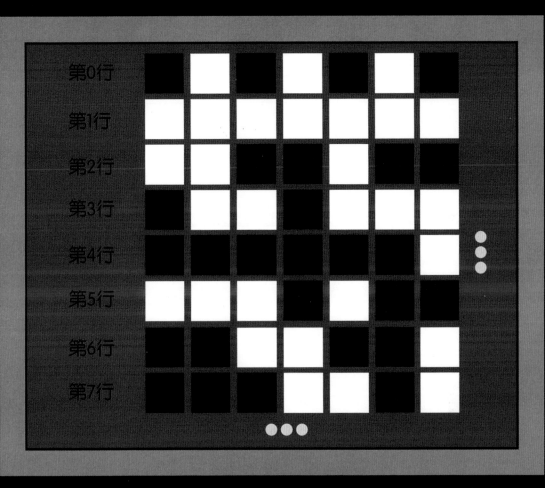

第0行
第1行
第2行
第3行
第4行
第5行
第6行
第7行

如果答案为肯定的，那么我们可以在与这张表差不多的一张表中记录下一一映射。0行表示二进制串与0对应，等等。我当然不能画出全部，不过……

每个二进制串会出现在这张表的某一行。

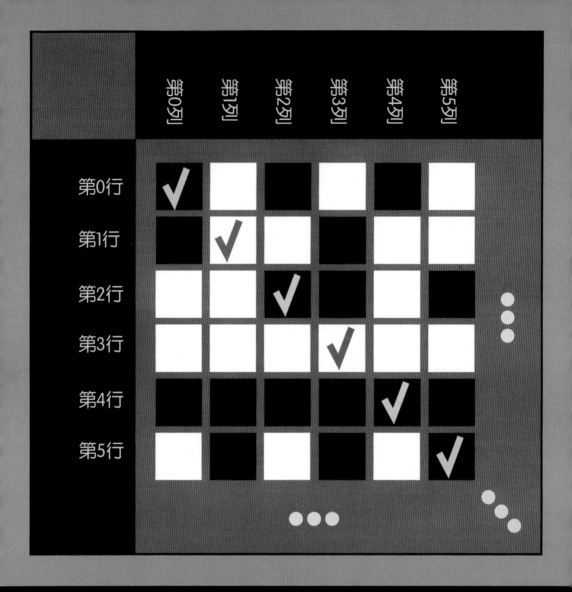

想象沿着这张表的对角线行走，并同时记录下你看到的颜色……

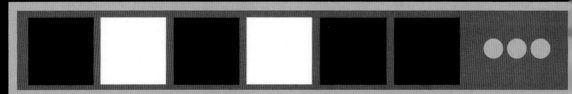

调换这个对角串上的所有颜色，并且把这个新的串称为"鲍勃"（Bob）。

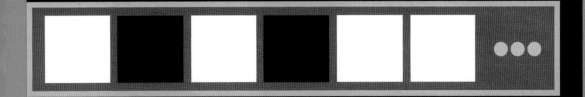

● 鲍勃不可能在第0行，因为他与第0列不对应。

● 鲍勃不可能在第1行，因为他与第1列不对应。

● 鲍勃不可能在第2行，因为他与第2列不对应。

等等。因此……

鲍勃不是这张表中的任何一行!

$\aleph_0$和$2^{\aleph_0}$没有相同的基数，因为那种可能性会导出矛盾的说法。

换句话说……

无穷的基数不止一个！

这就好比你花了一辈子盯着一条地平线看，想象它是什么，它在哪里，然后你发现在你盯着看的地平线之外还有一条新的地平线。在我看来，这是该跑到山顶上把它喊出来的发现。

与这新地平线相对应，在无穷画廊里还有另一幅油画！它是手指油画。

画家居住在一轮红色月亮下的蓝色城堡中。

他有时在屋顶平台上招待参观者。从某些角度看，他似乎与你很像，但从其他角度看，就不像。他有隐秘的特征，你越近距离地观察，他就变得越复杂。

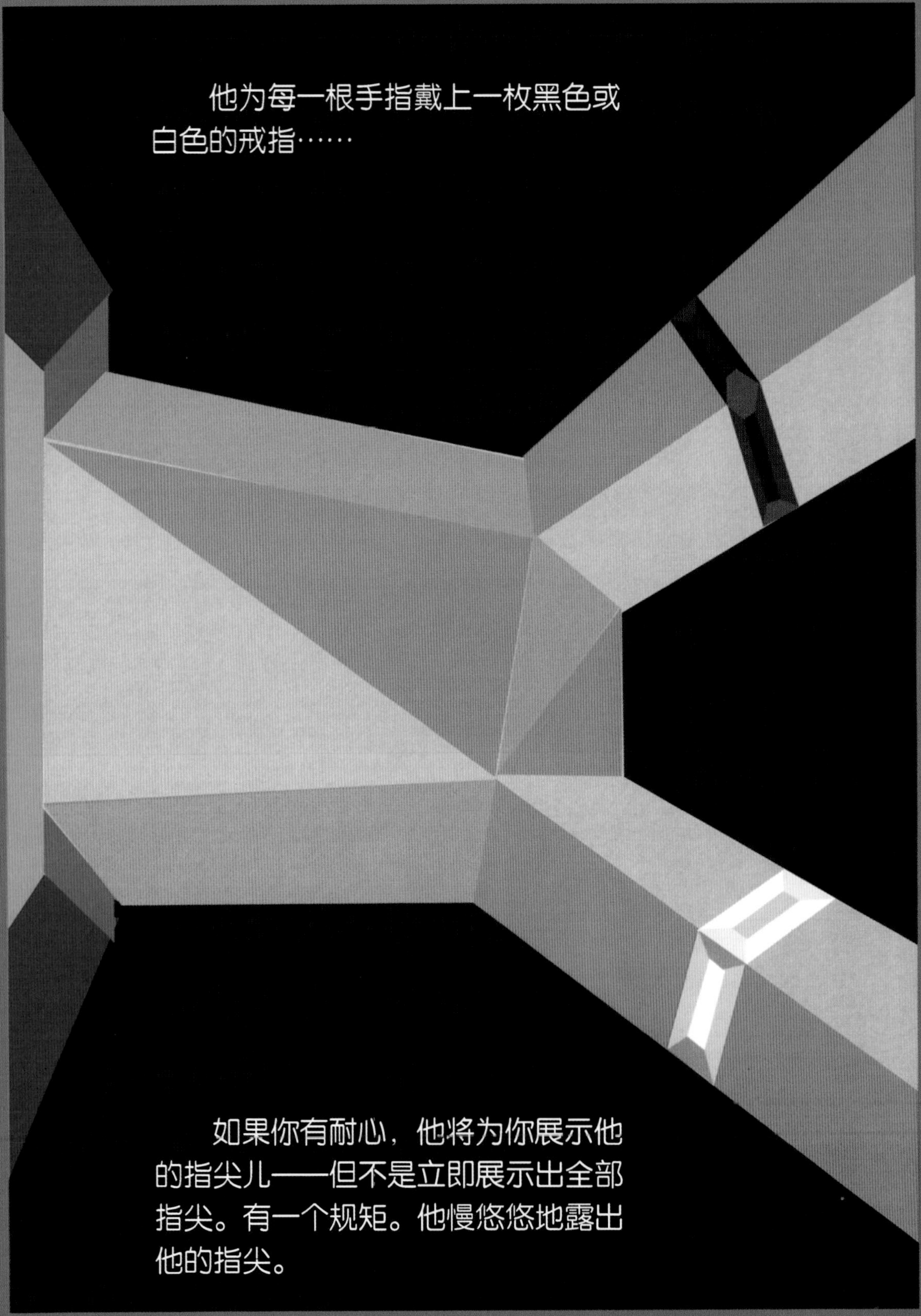

他为每一根手指戴上一枚黑色或
白色的戒指……

如果你有耐心，他将为你展示他
的指尖儿——但不是立即展示出全部
指尖。有一个规矩。他慢悠悠地露出
他的指尖。

他的两个大手指各自分化为
更小的手指，以此类推——一直
到永远。

如果你沿着这条手指之路一直走
到指尖，并且沿途标记下戒指的颜色，
你会得到一个二进制串。

这个程序给出了手指尖集合与
$2^{\aleph_0}$ 之间的一个一一映射。

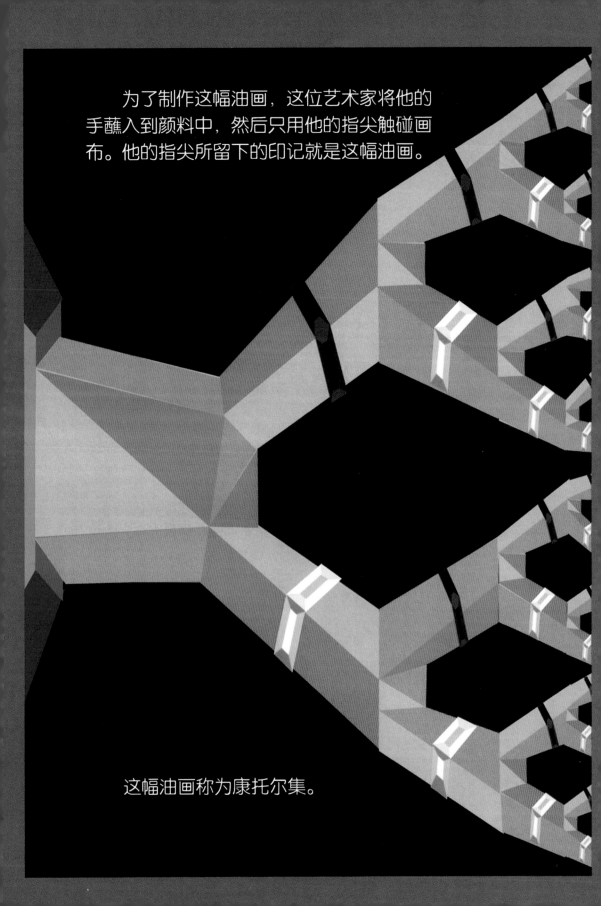

为了制作这幅油画，这位艺术家将他的手蘸入到颜料中，然后只用他的指尖触碰画布。他的指尖所留下的印记就是这幅油画。

这幅油画称为康托尔集。

下面是对康托尔集的传统看法。

从一条线段出发。

这些粉红棒是指线段，但我把它们加厚了，
以便于你能够更容易地观察它们。

移除三等分的粉红棒的中间部分，

再移除剩余的每一半粉红棒的三等分粉红棒的中间部分，

以此类推。

康托尔集是整个过程中仍保持粉红色的部分。

这是巧妙之处。如果你以正确的方式把线段连接起来，那么你会看到一幅艺术家的手的漫画。

我把它画为从城堡出发，一直向下，直到触摸到水。

康托尔的设计
还更巧妙。

他也引进了
一种方法，来判
定什么时候一个
集合比另一个集
合更大。

一个集合的**子集**是一个新的集合，其元素都属于初始集合。

如果子集不包含全部的初始元素，那么称它为真子集。

这是三张扑克牌的集合。下一页展示了这个集合的7个真子集中的6个。唯一没有展示的真子集为空集。

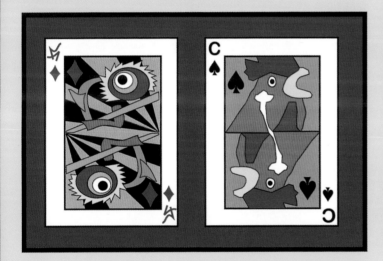

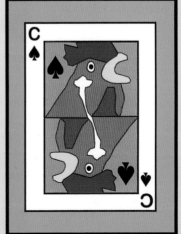

如果你取走一个有穷集合中的一些元素，那么你就使得它变得更小了。

一个有穷集合与它的一个真子集之间，从未存在过一一映射。

但这一点对于无穷集合则不然。这条鳄鱼说明了整数集与它的一个真子集（即 $\aleph_0$）之间存在一一映射。

这张表格说明 $\aleph_0$ 与 $2^{\aleph_0}$ 的一个真子集之间存在一个一一映射。

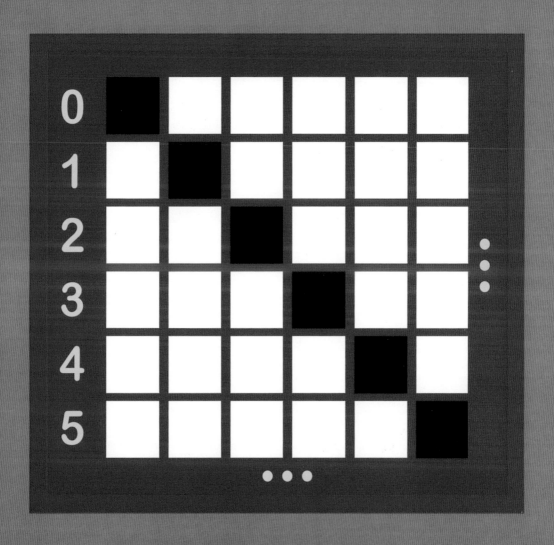

0对应于只将0涂为黑色的二进制串，1对应于只将1涂为黑色的二进制串，以此类推。

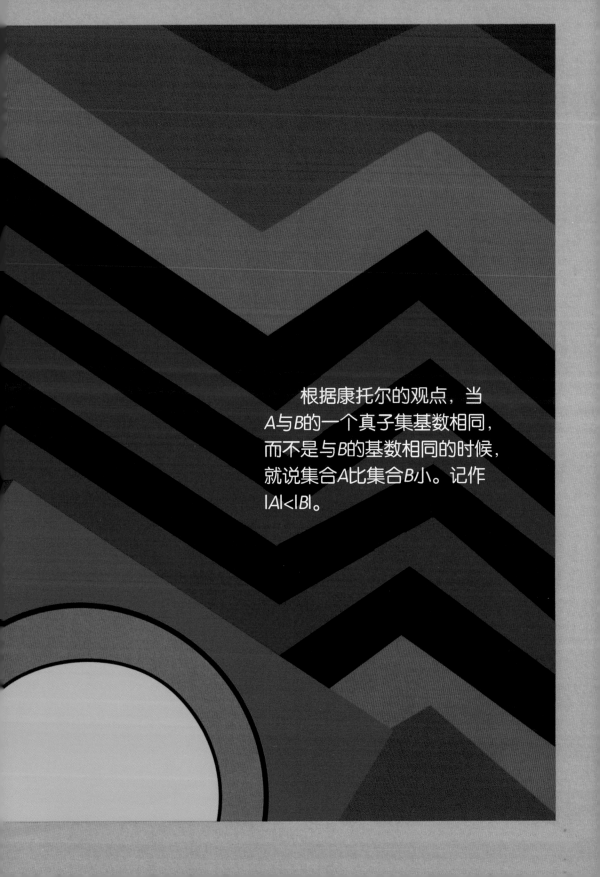

根据康托尔的观点，当 A 与 B 的一个真子集基数相同，而不是与 B 的基数相同的时候，就说集合 A 比集合 B 小。记作 $|A|<|B|$。

小鸡原理告诉我们，任意一个与 $\aleph_0$ 的一个子集大小相同的无穷集合，也与 $\aleph_0$ 的大小相同。

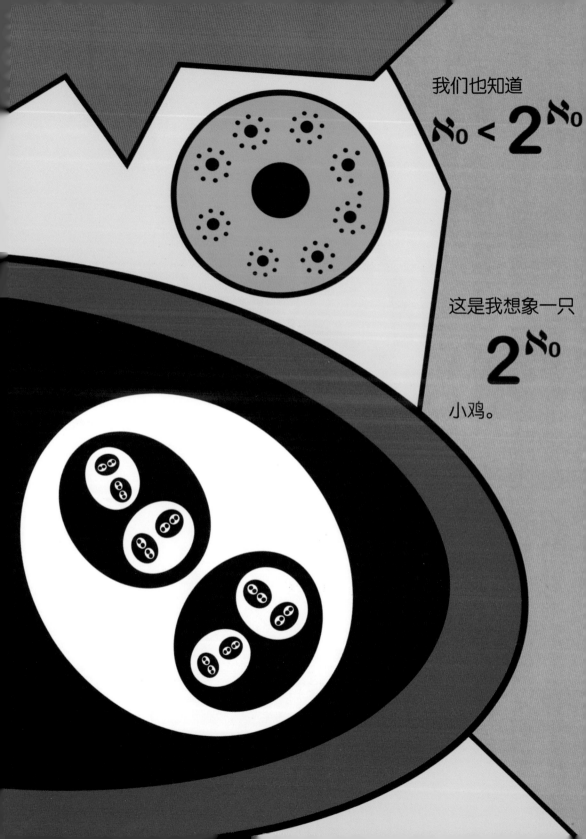

康托尔的设计留下了
一个细节需要解释。

存在集合A与集合B，同时满足 |A|<|B| 和 |B|<|A|，这种情况可能发生吗？如果发生，那么康托尔的"基数"概念不是太好。它不符合我们对于那个概念应有作用的期望。

幸运地，康托尔-伯恩斯坦（Bernstein）定理消除了这种滑稽的情形。

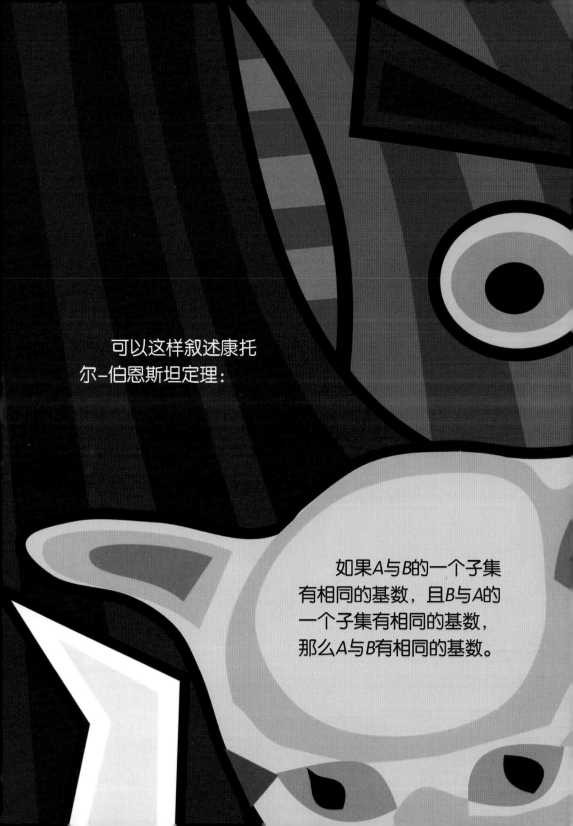

可以这样叙述康托尔-伯恩斯坦定理：

如果A与B的一个子集有相同的基数，且B与A的一个子集有相同的基数，那么A与B有相同的基数。

把A看作一个由猫组成的集合，且把B看作一个由狗组成的集合。说A与B的一个子集基数相同，就等同于说

每一只猫可以选择一条狗来追逐，且不同的猫选择不同的狗。

同样地，每一条狗可以
选择一只猫来追逐，且不同
的狗选择不同的猫。

你的宠物围着院子正彼此互相追逐。你记录下谁在追逐谁，然后你会看到4种模式。

1. 包含偶数个数动物的追逐圈。把每一只猫与它在这个圈里所追逐的那条狗对应起来。

2. 没有起点或终点的追逐链，如整数。把每一只猫与它在这个链中所追逐的那条狗对应起来。

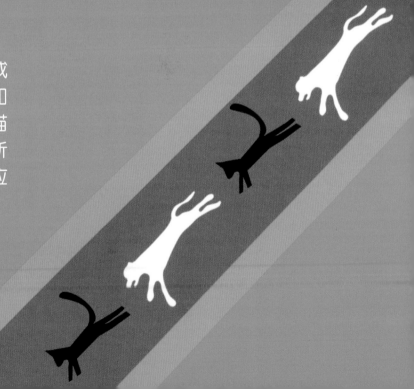

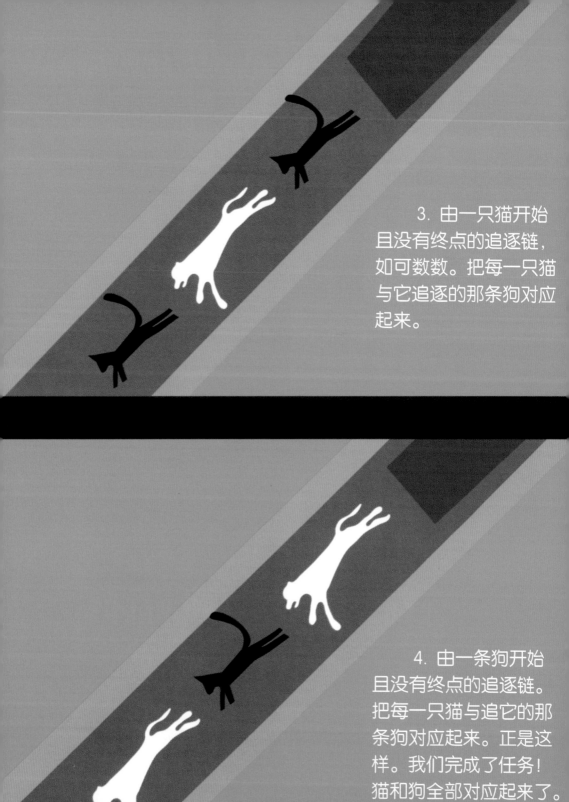

3. 由一只猫开始且没有终点的追逐链，如可数数。把每一只猫与它追逐的那条狗对应起来。

4. 由一条狗开始且没有终点的追逐链。把每一只猫与追它的那条狗对应起来。正是这样。我们完成了任务！猫和狗全部对应起来了。

那照顾到了细节问题。令人喜出望外的是，康托尔-伯恩斯坦定理当用来解决无穷集合（如实数集合）的基数问题时，是有用的。（一个实数本质上正好是一个无穷的十进制展开。）

这是把每一个实数与一个二进制串对应起来的一种方法：

3.1415 ...

11100101111010 11111 ...

00表示十进制点，每一个0把对应于 个数字的一串1隔开。不同的猫追逐不同的狗。

与此同时，你可以把每一个二进制串与一个实数对应起来，像这样：

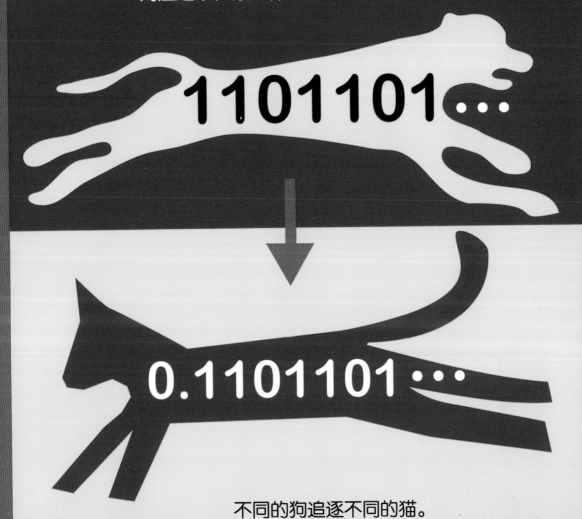

不同的狗追逐不同的猫。

第一个对应法则告诉我们，实数集与 $2^{\aleph_0}$ 的一个子集的基数相同。

第二个对应法则说明了相反的情况。因此，康托尔-伯恩斯坦定理说两个集合有相同的基数。

实数集与直线上的点集确实是相同的事物。因此，直线上的点集与 $2^{\aleph_0}$ 有相同的基数。

平面上的点集什么样呢？好，首先，你可以将每个二进制串对应于直线上的一个不同的点，然后你可以在平面上画出这条线：

因此，$2^{\aleph_0}$ 与平面的一个子集的基数相同。

同时，平面上的每一个点可以用一对二进制串来刻画。

1110010111010111110...

3 . 1 4 1 5 ...

1 ...

7 ...

2 . 11001111111010...

只取点的坐标，且把它们转换为二进制串。

现在，将二进制串一起移动：

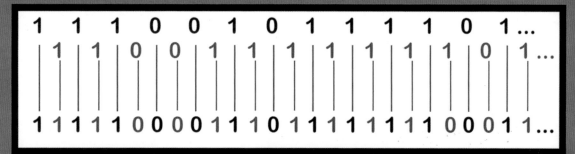

这个法则使平面上的每一个点与它自己的二进制序列对应起来。

因此，康托尔-伯恩斯坦定理说，平面上点集与 $2^{\aleph_0}$ 有相同的基数。

同样的论断也在三维空间中成立。$2^{\aleph_0}$ 是（理想化的）空间的基数！

我想分享一个关于数的奇思妙想。

$$\frac{4}{1} -$$
$$\frac{4}{3} +$$
$$\frac{4}{5} -$$
$$\frac{4}{7} +$$
$$\frac{4}{9} -$$
· · ·

3.1415 ...

大体上，一个数称为可计算的，如果你可以（从理论上）编写出一个计算机程序，使得计算机无穷无尽地吐出这个数中的数字。

　　每一种熟悉的数是可计算的：有理数、整系数多项式的根、你可能碰巧知道的级数的极限。凡是你想得到的！全部可计算。但是……

在一个有穷的计算机上你能运行的所有可能的计算机程序的集合，如有限文本信息的集合，与$\aleph_0$有相同的基数。

这要比所有可能的实数集更小一点，实数集的基数为$2^{\aleph_0}$。

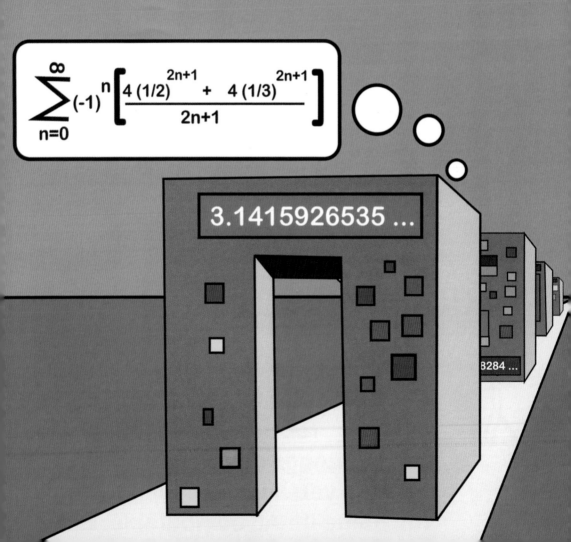

$$\sum_{n=0}^{\infty} (-1)^n \left[\frac{4\,(1/2)^{2n+1} + 4\,(1/3)^{2n+1}}{2n+1} \right]$$

3.1415926535 ...

8284 ...

因此，不可计算的实数远远多于可计算的实数。同样的道理适合平面或空间上的点。如果你随机地选择一个点，它的位置将不可计算，就是说本质上它将是没有名字的或不可认知的。

有时，当我盯着一条电话线或者一个桌面时，我记得它充满了难解之谜。

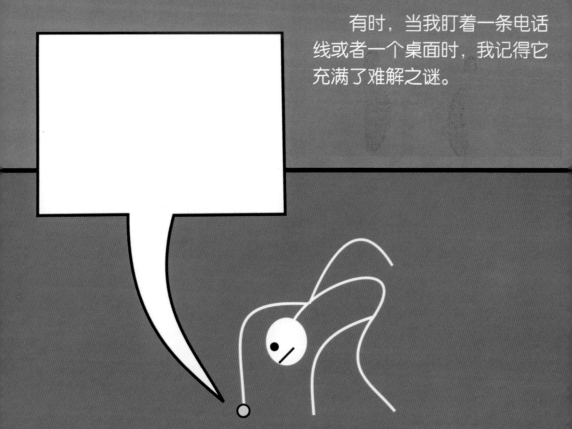

我想再说说无穷画廊的馆长。
你越近地观察她，她越变得复杂，
难以捉摸。

祝你今
天快乐！

以她的一只眼睛为例。

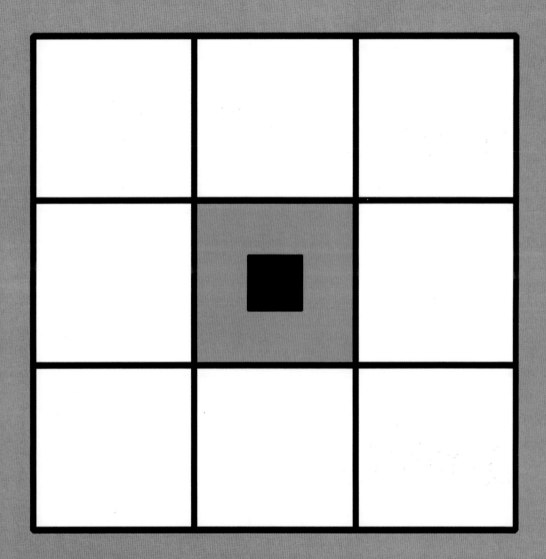

第一眼看上去，它看起来像这样。

但是当你更仔细观察的时候，

你会看到初始模式出现在每一个白色方形里。

当你再近看时，你在每一个白色方形里又看到初始模式，以此类推。

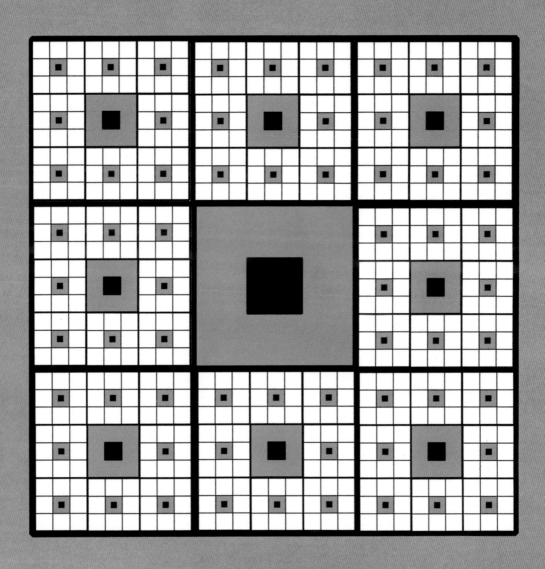

如果你仔细看的话，你可以在她的眼睛中看到康托尔集。

这个馆长似乎对$2^{\aleph_0}$的超级崇拜者吹毛求疵。她拒绝展出这样的油画，即其表示的集合与康托尔集有相同的基数。

因此，你可能再次会问，画廊中有其他的什么展品吗？更大的无穷集合怎么样呢？

一个集合A的全部子集的集合称为A的幂集。记作 →

您可能会担心 $2^{\aleph_0}$ 有两种意义：

1. 二进制串的集合；
2. $\aleph_0$ 的幂集。

不用担心，这两种集合是相同集合的伪装。例如，你可以将 $\aleph_0$ 的一个子集与把那种子集的元素涂成黑色的二进制串对应。例如：

$\{1,3,5,\ldots\}$ ⟷ ■■■■■■ …

A 和 2^A 会有相同的基数吗？

把A看作一个动物的集合。

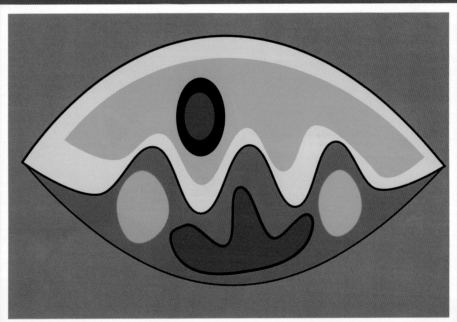

这是A中的两个元素。

把A的一个子集看成是一张包含一些动物的合影。A与其幂集之间的一个一一映射将会意味着，存在一种方法，使这些动物与它们的合影相对应。

一个动物若是开心的，当且仅当它看见自己在其得到的这张合影中。那只猫是开心的，而这个家伙却是不开心的。

其中一张照片展示了所有不开心动物的集合。这是那张照片的一部分。

其中一个动物必须与这张不开心的照片对应。
我们不妨认为它是这一个动物。

假设这个家伙是开心的。

我开心且拿到了不开心的照片……

但我没有在不开心的照片中，这是因为我开心。

因此，对于不在这张照片中，我不开心。

这种情况是不可能的。

假设他是不开心的。

我不开心且我拿到了不开心的照片……

但是因为我不开心，所以我在这张照片中。

因此，因为在这张照片中，我是开心的。

这种情况也是不可能的。

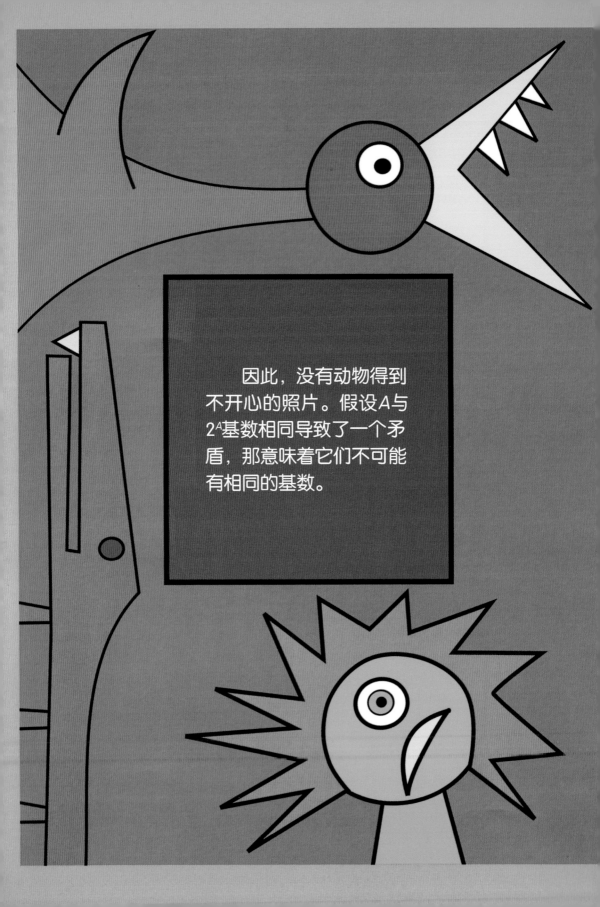

因此，没有动物得到不开心的照片。假设A与2^A基数相同导致了一个矛盾，那意味着它们不可能有相同的基数。

另一方面，A 与幂集中的肖像的集合有相同的基数——合影只是说明了一个动物。这是容易的：只要把每个动物与它的肖像对应起来即可。

按照定义 $|A| < |2^A|$，并且这个结果告诉我们……

$$\aleph_0 \quad 2^{\aleph_0} \quad 2^{2^{\aleph_0}} \cdots$$

并且
不存在最
大的基数！

你可以把 $2^{2^{\aleph_0}}$ 想象为全部黑白扑克牌的集合。

不过，这只是说话的一种方式。想象这个集合……

We the people of the United States, in order to form a more perfect Union, establish[...] c, etc.

我们美利坚合众国的人民，为了组织一个更完善的联邦，树立……（译者注：这是中间这段文字的中文翻译，是美国宪法内容的一部分。）

……你将必须想象出你所知道的每幅图像的每个变形，每一处细微的变化，所有可能的模式。

绝不可能！在这个层次中，你不可能构造出 $2^{2^{\aleph_0}}$ 或者任何更大的集合。

如果你试图深入调查其他房间中的一个房间，也许你的脸上会出现一些奇怪的外星人的手，并且你会经历电光闪烁。就是这些。我们不会担负查看其他房间的会费。

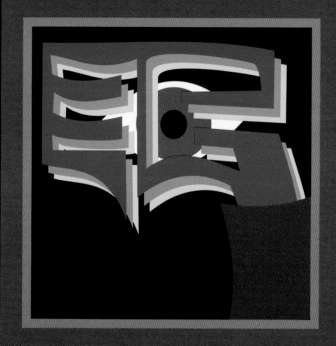

另外，我要告诉你，你通过幂集取幂集得到的无穷等级只不过是无穷的第一层次，层次之上还有层次，以此类推。

在此情况下，"以此类推"这一说法不足以描述正在发生的实际情况。无穷画廊展室之外另有展室，视界之外另有视界！

或者也许这个画廊就不存在。

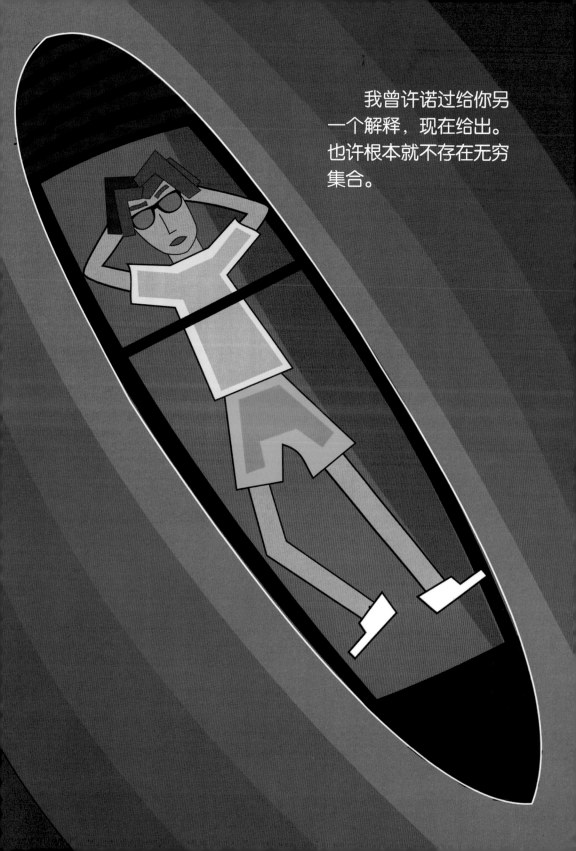

我曾许诺过给你另一个解释，现在给出。也许根本就不存在无穷集合。

数学原理

策梅洛-弗兰克尔集合论

连续统假设

皮亚诺算术

朴素集合论

欧几里得

不完备性

选择公理

无穷公理

幂集公理

高阶逻辑

一阶逻辑

男人区人

公理本应是不证自明、人人赞同的真理。数学的全部都被认为是一步一步地、坚如磐石般地从公理构建而来。问题是……

像科学理论一样，公理
是演变的，而且大家对公理
的看法也不一致。

过去，人们提出似乎
显而易见的公理，但是之
后证明它们在系统中导致
了矛盾。

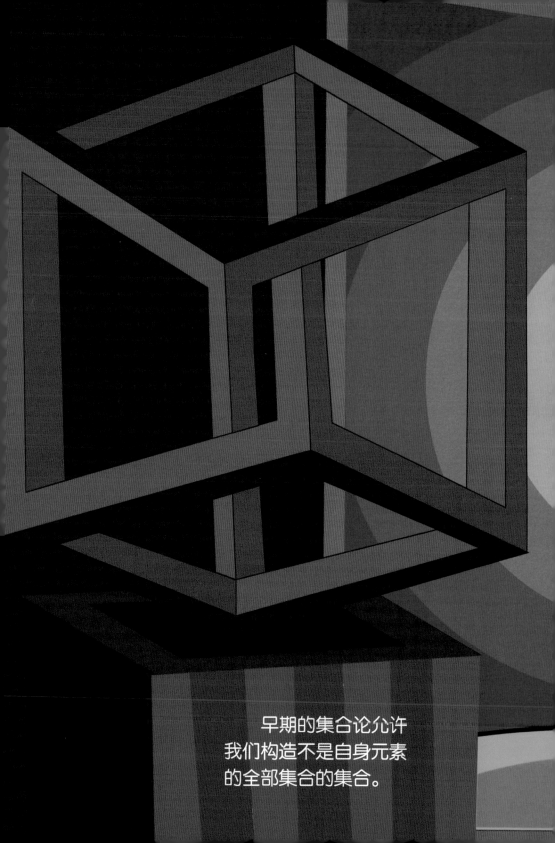

早期的集合论允许
我们构造不是自身元素
的全部集合的集合。

这是一个
矛盾。集合既
是又不是它本
身的一个元素。
这个矛盾，称
为罗素悖论，
表明整个系统
是有缺陷的。

为了避免罗素悖论，同时维持同样的一般性推理，必须对旧有的公理做一点改良。毕竟，罗素悖论与康托尔对角线法则只有很小的差别。

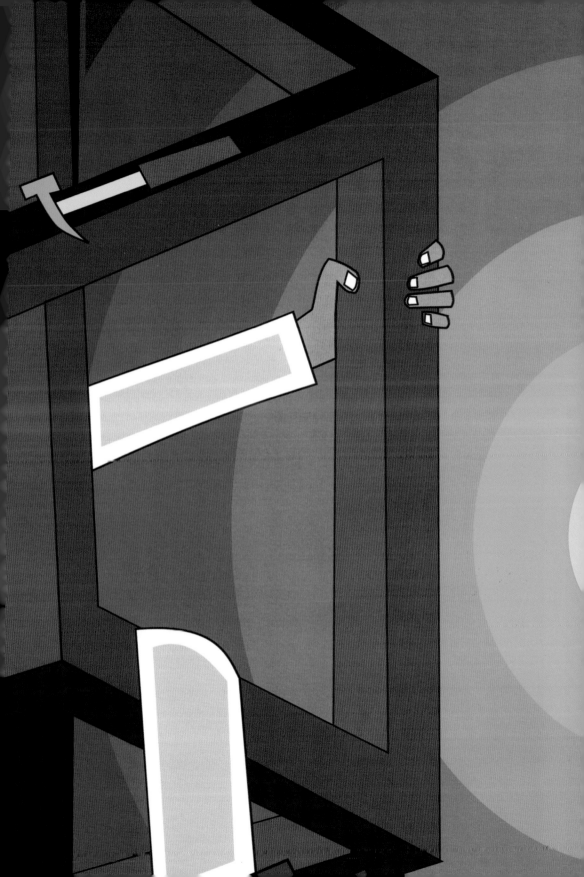

我们可以把数学想象成一座美丽的大厦，但一些内屋不时需要修护。无穷画廊是这座大厦的一翼，但也许在你造访的那一天他们正好不卖票。

也许
一些支撑
无穷集合
存在性的
公理有潜
在的问题。

请勿打扰。

当我考虑这种可能性时，我把数轴想象为一条长长的布满灰尘的道路，终点是一间简陋的小屋……

而门口站着某位怒目而视的家伙，他告诉游客说，数已告罄，不得通行。

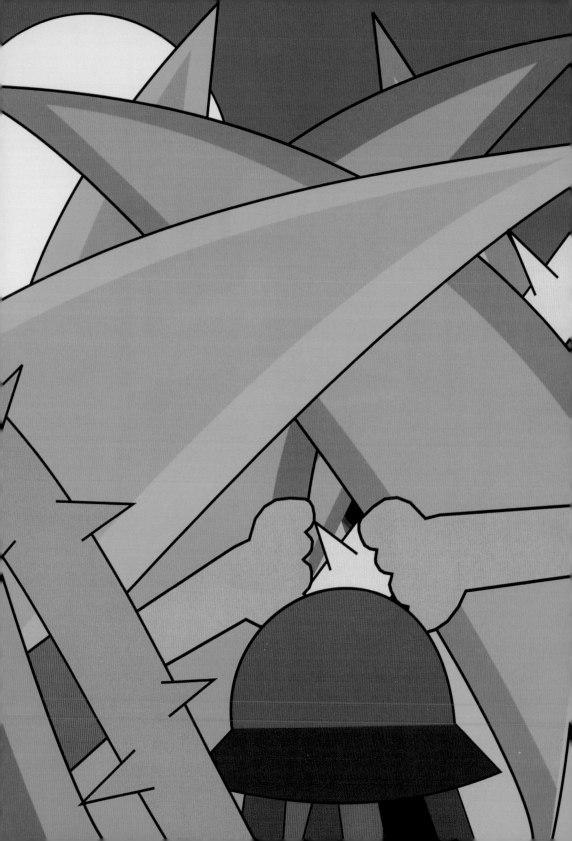

我的一个朋友建议，也许它更像一条
数的路线，杂草丛生，而且不知怎么地，
你走着走着就迷路了。

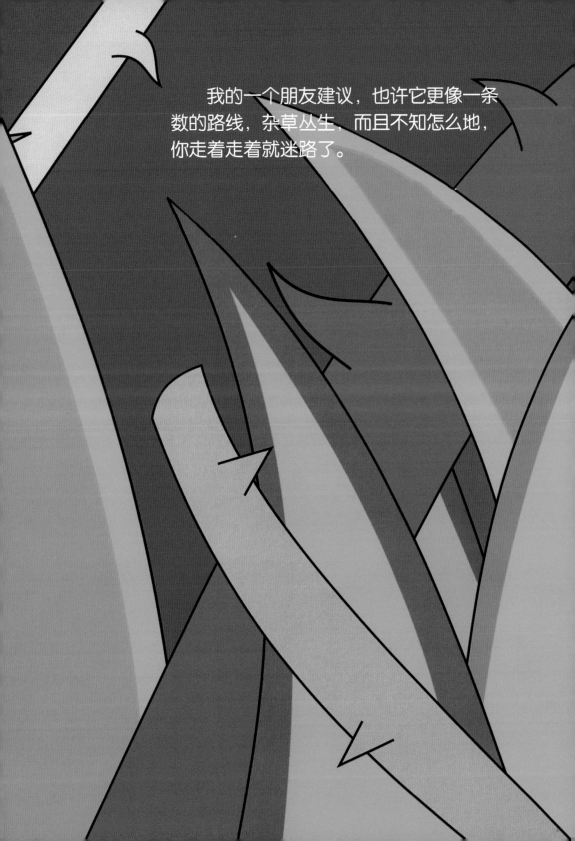

或者也许可数数集合存在，但是幂集公理存在某个
问题，且的确不可能构造出所有二进制串的集合。也许，
如果你试图沿着所有的分路走向它们的终点……

一些岔路渐渐消失
或者变得极其缠绕。

我不确定我做这些类比是否严肃，但是我能想象，
当我们拓展我们的才智时，根据新思想和洞察力，我们
可能必须放弃一些公理。

就我自己而言，我必须承认，我不太经常去里屋。
我对基础的兴趣比不上对形状和式样的兴趣。对我而言，
我喜欢生动的数学式样……

都有自己的
生命……

……而且会有它们自己的表达，无论公理。

我同意一个多世纪以前伟大的昂利·庞加莱（Henri Poincaré）对于数学基础的观点：

"虽然来源不明，但河流仍在流淌。"

因此，存在不存在无穷多的无穷的基数？好，正式地讲，所有我能告诉你的是……

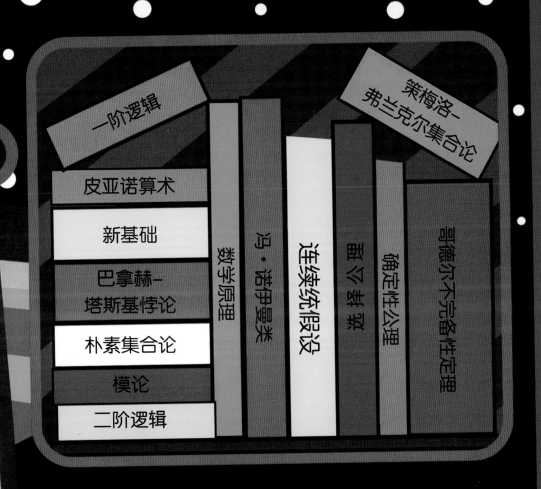

一阶逻辑

策梅洛–
弗兰克尔集合论

皮亚诺算术

新基础

巴拿赫–
塔斯基悖论

朴素集合论

模论

二阶逻辑

数学原理

冯·诺伊曼类

连续统假设

策汰封遊

确定性公理

哥德尔不完备性定理

按照大家通常接受的集合论公理，如策梅洛–弗兰克尔公理（Zermelo-Fraenkel axioms），这个结论是理所当然的。

但是不正式地讲，我认为⋯⋯

致谢

感谢布里耶纳 · 布朗（Brienne Brown）、汤姆 · 科斯塔（Tom Costa）、戴安娜 · 戴维斯（Diana Davis）、彼得 · 多伊尔（Peter Doyle）、戴维 · 爱泼斯坦（David Epstein）、德米特里 · 费尔德曼（Dmitry Feldman）、谢尔盖 · 盖尔芬德（Sergei Gelfand）、广中惠理子（Eriko Hironaka）、詹姆斯 · 基（James Key）、玛莎 · 雷斯金（Masha Ryskin）、乔舒亚 · 舍希特尔（Joshua Schechter）、利莉思 · 施瓦茨（Lilith Schwartz）以及卢奇娜 · 施瓦茨（Lucina Schwartz）对本书的帮助。也感谢国家科学基金的支持。

关于本书

在这本书中，我用向量绘图软件画的图。

关于作者

我是布朗大学的校长数学教授。在业余时间里，我喜欢写计算机程序、听音乐、画卡通图以及思考几何。

译 后 记

"无穷"，曾经是数学上的"怪物"，因为一位伟大的数学家而变成数学概念家庭的"新人"。19世纪末，德国数学家康托尔发明了集合论，无穷被赋予新的含义，原来"不可理喻"的"无穷"是可以进行大小比较的。康托尔的集合论，使近现代数学进入了一个全新的境界。希尔伯特在1900年举办的第二次国际数学家大会上，高度赞扬康托尔的集合论是"人类纯粹智力活动的最高成就之一"。希尔伯特在那次大会上提出了指引未来数学发展的23个问题，其中第一个问题便是康托尔的连续统假设。1926年，希尔伯特再次用同样的口吻赞美康托尔的超穷数理论。

然而，康托尔的集合论思想在诞生之初并未被接纳，原因之一就是它太抽象了。虽然在希尔伯特等大数学家的推崇和助推之下，康托尔的思想已经得到普遍的认可并发扬光大，但是囿于其抽象性，对于一般读者而言，理解起来是相当困难的，很难把握其思想真谛。

我们翻译的这本关于集合论和无穷的书，是美国布朗大学数学教授理查德·伊万·施瓦茨（Richard Evan Schwartz）写的一本数学科普书。据作者自己介绍，本书的缘起是他为了教他的小女儿学习数学而作，因此本书用来阐述集合论思想的事例，都是来自现实生活，充满童心和爱心，使生活的意境与丰富的想象完美结合。那些最深奥的理论，竟然用简洁明了的语言，丝丝入扣但又栩栩如生地展现在读者的面前。绘制卡通是作者的爱好，他的简洁而饱含逻辑和哲理的文字，辅以漂亮而又富有生趣的卡通，与集合论抽象的概念、符号和公式巧妙结合，浑然构成一个整体，如一个视觉的画廊，又如一个充满悬念而富有挑战的思想侦探。

翻译本书其实是一个不小的挑战。本书看似文字不多，但所有文字都是图文配合的，是用最简单的语言表达最高深的思想，前后的逻辑关系极强，因此翻译起来不是易事，遣词造句每每颇费思量。建议读者前后反复对照阅读来深切体会无穷的思想。虽然集合论和无穷思想超出了中学的水平，但是作者采用的富有想象力的谆谆诱导方式，却使读者好奇惊喜之余步入这些数学概念的深处。本书不但有助于读者理解集合论和无穷，也有助于培养读者的创造性思维，有助于读者更幽默更生活化地看待数学，使重要而复杂的概念和思想变得可爱起来。爱因斯坦曾经说过："人的知识是有限的，而想象力是无穷的。"数学和科学创造需要插上想象力的翅膀。康托尔无疑是极具想象力和创造性的数学家，而本书作者用具有想象力和创造性的方式来呈现康托尔的思想，并为读者提供了想象的空间。二者有着某种程度的心有灵犀和不谋而合。今年是康托尔逝世100周年，使我们更加感受到翻译本书的价值。借此机会向康托尔致敬！希望读者都能打开无穷画廊的大门，开启这一段关于无穷的美丽旅程，在旅程中欣赏到无穷的魅力，并为自己的数学乃至科技学习和创新增添有益的助力。

在本书即将付梓之时，我们衷心感谢旅美数学家蒋迅先生为我们提供本书的线索！衷心感谢上海科学技术出版社田廷彦先生自始至终对本书倾注的热情和精力，与他的合作是令人愉快而富有启发的。衷心感谢上海科学技术出版社负责本书的领导和老师们，感谢他们的鼎力支持和辛勤付出！欢迎广大的读者朋友们予以批评指正！

译者

2018-06-13